Henri Poincaré

La Dynamique
de l'électron

science

ISBN : 978-1523422302

10 9 8 7 6 5 4 3 2 1

Henri Poincaré

La Dynamique de l'électron

science

Table de Matières

I. — Introduction.

Les principes généraux de la Dynamique, qui ont, depuis Newton, servi de fondement à la Science physique et qui paraissaient inébranlables, sont-ils sur le point d'être abandonnés ou tout au moins d'être profondément modifiés ? C'est ce que bien des personnes se demandent depuis quelques années. La découverte du radium aurait, d'après elles, renversé les dogmes scientifiques que l'on croyait les plus solides : d'une part, l'impossibilité de la transmutation des métaux ; d'autre part, les postulats fondamentaux de la Mécanique. Peut-être s'est-on trop hâté de considérer ces nouveautés comme définitivement établies et de briser nos idoles d'hier ; peut-être conviendrait-il, avant de prendre parti, d'attendre des expériences plus nombreuses et plus probantes. Il n'en est pas moins nécessaire, dès aujourd'hui, de connaître les doctrines nouvelles et les arguments, déjà très sérieux, sur lesquels elles s'appuient.

Rappelons d'abord en quelques mots en quoi consistent ces principes :

A. Le mouvement d'un point matériel isolé et soustrait à toute force extérieure est rectiligne et uniforme ; c'est le principe d'inertie : pas d'accélération sans force ;

B. L'accélération d'un point mobile a même direction que la résultante de toutes les forces auxquelles ce point est soumis ; elle est égale au quotient de cette résultante par un coefficient appelé *masse* du point mobile.

La masse d'un point mobile, ainsi définie, est une constante ; elle ne dépend pas de la vitesse acquise par ce point ; elle est la même si la force, étant parallèle à cette vitesse, tend seulement à accélérer ou à retarder le mouvement du point, ou si, au contraire, étant perpendiculaire à cette vitesse, elle tend à faire dévier ce mouvement vers la droite, ou la gauche, c'est-à-dire à *courber* la trajectoire ;

C. Toutes les forces subies par un point matériel proviennent de l'action d'autres points matériels ; elles ne dépendent que des positions et des vitesses *relatives* de ces différents points matériels.

En combinant les deux principes B et C, on arrive au *principe du mouvement relatif*, en vertu duquel les lois du mouvement d'un système sont les mêmes soit que l'on rapporte ce système à des axes fixes, soit qu'on le rapporte à des axes mobiles animés d'un mouvement de translation rectiligne et uniforme, de sorte qu'il est impossible de distinguer le mouvement absolu d'un mouvement relatif par rapport à de pareils axes mobiles ;

D. Si un point matériel A agit sur un autre point matériel B, le corps B réagit sur A, et ces deux actions sont deux forces égales et directement opposées. C'est *le principe de l'égalité de l'action et de la réaction*, ou, plus brièvement, le *principe de réaction*.

Les observations astronomiques, les phénomènes physiques les plus habituels, semblent avoir apporté à ces principes une confirmation complète, constante et très précise. C'est vrai, dit-on maintenant, mais c'est parce qu'on n'a jamais opéré qu'avec de faibles vitesses ; Mercure, par exemple, qui est la planète la plus rapide, ne fait guère que 100 kilomètres par seconde. Cet astre se comporterait-il de la même manière, s'il allait mille fois plus vite ? On voit qu'il n'y a pas encore lieu de s'inquiéter ; quels que puissent être les progrès de l'automobilisme, il s'écoulera encore longtemps avant qu'on doive renoncer à appliquer à nos machines les principes classiques de la Dynamique.

Comment donc est-on parvenu à réaliser des vitesses mille fois plus grandes que celles de Mercure, égales, par exemple, au dixième et au tiers de la vitesse de la lumière, ou se rapprochant plus encore de cette vitesse ? C'est à l'aide des rayons cathodiques et des rayons du radium.

On sait que le radium émet trois sortes de rayons, que l'on désigne par les trois lettres grecques α, β, γ ; dans ce qui va suivre, sauf mention expresse du contraire, il s'agira toujours des rayons β, qui sont analogues aux rayons cathodiques.

Après la découverte des rayons cathodiques, deux théories se trouvèrent en présence : Crookes attribuait les phénomènes à un véritable bombardement moléculaire ; Hertz, à des ondulations particulières de l'éther. C'était un renouvellement du débat qui avait divisé les physiciens il y a un siècle à propos de la lumière ; Crookes reprenait la théorie de l'émission, abandonnée pour la lumière ; Hertz tenait pour la théorie ondulatoire. Les faits semblent donner raison à Crookes.

On a reconnu, en premier lieu, que les rayons cathodiques transportent avec eux une charge électrique négative ; ils sont déviés par un champ magnétique et par un champ électrique ; et ces déviations sont précisément celles que produiraient ces mêmes champs sur des projectiles animés d'une très grande vitesse et fortement chargés d'électricité. Ces deux déviations dépendent de deux quantités : la vitesse, d'une part, et le rapport de la charge électrique du projectile à sa masse, d'autre part ; on ne peut connaître la valeur absolue de cette masse, ni celle de la charge, mais seulement leur rapport ; il est clair, en effet, que, si l'on double à la fois la charge et la masse, sans changer la vitesse, on doublera la force qui tend à dévier le projectile ; mais, comme sa masse est également doublée, l'accélération et la déviation observable ne seront pas changées. L'observation des deux déviations nous fournira donc deux équations pour déterminer ces deux inconnues. On trouve une vitesse de 10.000 à 30.000 kilomètres par seconde ; quant au rapport de la charge à la masse, il est très grand. On peut le comparer au rapport correspondant en ce qui concerne l'ion hydrogène dans l'électrolyse ; on trouve alors qu'un projectile cathodique transporte environ mille fois plus d'électricité que n'en transporterait une masse égale d'hydrogène dans un électrolyte.

Pour confirmer ces vues, il faudrait une mesure directe de cette vitesse, que l'on comparerait avec la vitesse ainsi calculée. Des expériences anciennes de J.-J. Thomson avaient donné des résultats plus de cent fois trop faibles ; mais elles étaient sujettes à certaines causes d'erreur. La question a été reprise par Wiechert dans un dispositif où l'on utilise les oscillations hertziennes ; on a trouvé des résultats concordant avec la théorie, au moins comme ordre de grandeur ; il y aurait un grand intérêt à reprendre ces expériences. Quoi qu'il en soit, la théorie des ondulations paraît impuissante à rendre compte de cet ensemble défaits.

Les mêmes calculs, faits sur les rayons β du radium, ont donné des vitesses encore plus considérables : 100.000, 200.000 kilomètres ou plus encore. Ces vitesses dépassent de beaucoup toutes celles que nous connaissions. La lumière, il est vrai, on le sait depuis longtemps, fait 300.000 kilomètres par seconde ; mais elle n'est pas un transport de matière, tandis que, si l'on adopte la théorie de l'émission pour les rayons cathodiques, il y aurait des molécules matérielles réellement animées des vitesses en question, et il convient de rechercher si les lois ordinaires de la Mécanique leur sont encore applicables.

II. — Masse longitudinale et Masse transversale.

On sait que les courants électriques donnent lieu aux phénomènes d'induction, en particulier à la *self-induction*. Quand un courant croît, il se développe une force électromotrice de self-induction qui tend à s'opposer au courant ; au contraire, quand le courant décroît, la force électromotrice de self-induction tend à maintenir le courant. La self-induction s'oppose donc à toute variation de l'intensité du courant, de même qu'en Mécanique l'inertie d'un corps s'oppose à toute variation de sa vitesse. *La self-induction est une véritable inertie.* Tout se passe comme si le courant ne pouvait s'établir sans mettre en mouvement l'éther environnant et comme si l'inertie de cet éther tendait, en conséquence, à maintenir constante l'intensité de ce courant. Il faudrait vaincre cette inertie pour établir le courant, il faudrait la vaincre encore pour le faire cesser.

Un rayon cathodique, qui est une pluie de projectiles chargés d'électricité négative, peut être assimilé à un courant ; sans doute, ce courant diffère, au premier abord tout au moins, des courants de conduction ordinaire, où la matière est immobile et où l'électricité circule à travers la matière. C'est un *courant de convection*, où l'électricité, attachée à un véhicule matériel, est emportée par le mouvement de ce véhicule. Mais Rowland a démontré que les courants de convection produisent les mêmes effets magnétiques que les courants de conduction ; ils doivent produire aussi les mêmes effets d'induction. D'abord, s'il n'en était pas ainsi, le principe de la conservation de l'énergie serait violé ; d'ailleurs, Crémieu et Pender ont employé une méthode où l'on mettait en évidence *directement* ces effets d'induction.

Si la vitesse d'un corpuscule cathodique vient à varier, l'intensité du courant correspondant variera également, et il se développera des effets de self-induction qui tendront à s'opposer à cette variation. Ces corpuscules doivent donc posséder une double inertie :

leur inertie propre d'abord, et l'inertie apparente due à la self-induction qui produit les mêmes effets. Ils auront donc une masse totale apparente, composée de leur masse réelle et d'une masse fictive d'origine électromagnétique. Le calcul montre que cette masse fictive varie avec la vitesse, et que la force d'inertie de self-induction n'est pas la même quand la vitesse du projectile s'accélère ou se ralentit, ou bien quand elle est déviée ; il en est donc de même de la force d'inertie apparente totale.

La masse totale apparente n'est donc pas la même quand la force réelle appliquée au corpuscule est parallèle à sa vitesse et tend à en faire varier la grandeur, et quand cette force est perpendiculaire à la vitesse et tend à en faire varier la direction. Il faut donc distinguer la *masse totale longitudinale* et la *masse totale transversale*. Ces deux masses totales dépendent, d'ailleurs, de la vitesse. Voilà ce qui résulte des travaux théoriques d'Abraham.

Dans les mesures dont nous parlions au chapitre précédent, qu'est-ce qu'on détermine en mesurant les deux déviations ? C'est la vitesse d'une part, et d'autre part le rapport de la charge à la *masse transversale totale*. Comment, dans ces conditions, faire, dans cette masse totale, la part de la masse réelle et celle de la masse fictive électromagnétique ? Si l'on n'avait que les rayons cathodiques proprement dits, il n'y faudrait pas songer ; mais, heureusement, on aies rayons du radium qui, nous l'avons vu, sont notablement plus rapides. Ces rayons ne sont pas tous identiques et ne se comportent pas de la même manière sous l'action d'un champ électrique et magnétique. On trouve que la déviation électrique est fonction de la déviation magnétique, et l'on peut, en recevant sur une plaque sensible des rayons du radium qui ont subi l'action des deux champs, photographier la courbe qui représente la relation entre ces deux déviations. C'est ce qu'a fait Kaufmann, qui en a déduit la relation entre la vitesse et le rapport de la charge à la masse apparente totale, rapport que nous appellerons ε.

On pourrait supposer qu'il existe plusieurs espèces de rayons, caractérisés chacun par une vitesse déterminée, par une charge déterminée et par une masse déterminée. Mais cette hypothèse est peu vraisemblable ; pour quelle raison, en effet, fous les corpuscules de même masse prendraient-ils toujours la même vitesse ? Il est plus naturel de supposer que la charge ainsi que la masse*réelle* sont les mêmes pour tous les projectiles, et que ceux-ci ne diffèrent que par leur vitesse. Si le rapport ε est fonction de la vitesse, ce n'est pas parce que la masse réelle varie avec cette vitesse ; mais, comme la masse fictive électromagnétique dépend de cette vitesse, la masse totale apparente, seule observable, doit en dépendre, bien que la masse réelle n'en dépende pas et soit constante.

Les calculs d'Abraham nous font connaître la loi suivant laquelle la masse *fictive* varie en fonction de la vitesse ; l'expérience de Kaufmann nous fait connaître la loi de variation de la masse *totale*. La comparaison de ces deux lois nous permettra donc de déterminer le rapport de la masse *réelle* à la masse totale.

Telle est la méthode dont s'est servi Kaufmann pour déterminer ce rapport. Le résultat est bien surprenant : *la masse réelle est nulle*.

On s'est trouvé ainsi conduit à des conceptions tout à fait inattendues. On a étendu à tous les corps ce qu'on n'avait démontré que pour les corpuscules cathodiques. Ce que nous appelons masse ne serait qu'une apparence ; toute inertie serait d'origine électromagnétique. Mais alors la masse ne serait plus constante, elle augmenterait avec la vitesse ; sensiblement constante pour des vitesses pouvant aller jusqu'à 1.000 kilomètres par seconde, elle-croîtrait ensuite et deviendrait infinie pour la vitesse de la lumière. La masse transversale ne serait plus égale à la masse longitudinale : elles seraient seulement à peu près égales si la vitesse n'est pas trop grande. Le principe B de la Mécanique ne serait plus vrai.

III. — LES RAYONS-CANAUX.

Au point où nous en sommes, cette conclusion peut sembler prématurée. Peut-on appliquer à la matière tout entière ce qui n'a été établi que pour ces corpuscules si légers, qui ne sont qu'une émanation de la matière et peut-être pas de la vraie matière ? Mais, avant d'aborder cette question, il est nécessaire de dire un mot d'une autre sorte de rayons. Je veux parler d'abord des *rayons-canaux*, les *Kanalstrahlen* de Goldstein. La cathode, en même temps que les rayons cathodiques chargés d'électricité négative, émet des rayons-canaux chargés d'électricité positive. En général, ces rayons-canaux, n'étant pas repoussés par la cathode, restent confinés dans le voisinage immédiat de cette cathode, où ils constituent la « couche chamois », qu'il n'est pas très aisé, d'apercevoir ; mais, si la cathode est percée de trous, et si elle obstrue presque complètement lé tube, les rayons-canaux vont se propager *en arrière* de la cathode, dans le sens opposé à celui des rayons cathodiques, et il deviendra possible de les étudier. C'est ainsi qu'on a pu mettre en évidence leur charge positive et montrer que les déviations magnétiques et électriques existent encore, comme pour les rayons cathodiques, mais sont beaucoup plus faibles.

Le radium émet également des rayons analogues aux rayons-canaux, et relativement très absorbables, que l'on appelle les rayons α.

On peut, comme pour les rayons cathodiques, mesurer les deux déviations et en déduire la vitesse et le rapport ε. Les résultats sont moins constants que pour les rayons cathodiques, mais la vitesse est plus faible ainsi que le rapport ε ; les corpuscules positifs sont moins chargés que les corpuscules négatifs ; ou si, ce qui est plus naturel, on suppose que les charges sont égales et de signe contraire, les corpuscules positifs sont beaucoup plus gros. Ces corpuscules, chargés les uns positivement, les autres négativement, ont reçu le nom d'*électrons*.

IV. — La Théorie de Lorentz.

Mais les électrons ne manifestent pas seulement leur existence dans ces rayons où ils nous apparaissent animés de vitesses énormes. Nous allons les voir dans des rôles bien différents, et ce sont eux qui nous rendront compte des principaux phénomènes de l'Optique et de l'Electricité. La brillante synthèse dont nous allons dire un mot est due à Lorentz.

La matière est tout entière formée d'électrons portant des charges énormes et, si elle nous semble neutre, c'est que les charges de signe contraire de ces électrons se compensent. On peut se représenter, par exemple, une sorte de système solaire formé d'un gros électron positif, autour duquel graviteraient de nombreuses petites planètes qui seraient des électrons négatifs, attirés par l'électricité de nom contraire qui charge l'électron central. Les charges négatives de ces planètes compenseraient la charge positive de ce Soleil, de sorte que la somme algébrique de toutes ces charges serait nulle.

Tous ces électrons baigneraient, dans l'éther. L'éther serait partout identique à lui-même, et les perturbations s'y propageraient suivant les mêmes lois que la lumière ou les oscillations hertziennes *dans le vide*. En dehors des électrons et de l'éther, il n'y aurait rien. Quand une onde lumineuse pénétrerait dans une partie de l'éther où les électrons seraient nombreux, ces électrons se mettraient en mouvement sous l'influence de la perturbation de l'éther, et ils réagiraient ensuite sur l'éther. C'est ainsi que s'expliqueraient la réfraction, la dispersion, la double réfraction et l'absorption. De même, si un électron se mettait en mouvement pour une cause quelconque, il troublerait l'éther autour de lui et donnerait naissance à des ondes lumineuses, ce qui expliquerait l'émission de la lumière par les corps incandescents.

Dans certains corps, les métaux par exemple, nous aurions des électrons immobiles, entre lesquels circuleraient des électrons mobiles jouissant d'une entière liberté, sauf celle de sortir du corps métallique et de franchir la surface qui le sépare du vide extérieur, ou de l'air, ou de tout autre corps non métallique. Ces électrons mobiles se comportent alors, à l'intérieur du corps métallique, comme le font, d'après la théorie cinétique des gaz, les molécules d'un gaz à l'intérieur du vase où ce gaz est renfermé. Mais, sous l'influence d'une différence de potentiel, les électrons mobiles négatifs tendraient à aller tous d'un côté, et les électrons mobiles positifs de l'autre. C'est ce qui produirait les courants électriques, et *c'est pour cela que ces corps seraient conducteurs*. D'autre part, les vitesses de nos électrons seraient d'autant plus grandes que la température serait plus élevée, si nous acceptons l'assimilation avec la théorie cinétique des gaz. Quand un de ces électrons mobiles rencontrerait la surface du corps métallique, surface qu'il ne peut franchir, il se réfléchirait, comme une bille de billard qui a touché la bande, et sa vitesse subirait un brusque changement de direction. Mais, quand un électron change de direction, ainsi que nous le verrons plus loin, il devient la source d'une onde lumineuse, et c'est pour cela que les métaux chauds sont incandescents.

Dans d'autres corps, les diélectriques et les corps transparents, les électrons mobiles jouissent d'une liberté beaucoup moins grande. Ils restent comme attachés à des électrons fixes qui les attirent. Plus

IV. — La Théorie de Lorentz.

ils s'en éloignent, plus cette attraction devient grande et tend à les ramener en arrière. Ils ne peuvent donc subir que de petits écarts ; ils ne peuvent plus circuler, mais seulement osciller autour de leur position moyenne. C'est pour cette raison que ces corps ne seraient pas conducteurs ; ils seraient d'ailleurs le plus souvent transparents, et ils seraient réfringents parce que les vibrations lumineuses se communiqueraient aux électrons mobiles, susceptibles d'oscillation, et qu'il en résulterait une perturbation.

Je ne puis donner ici le détail des calculs ; je me bornerai à dire que cette théorie rend compte de tous les faits connus, et qu'elle en a fait prévoir de nouveaux, tels que le phénomène de Zeeman.

V. — Conséquences mécaniques.

Maintenant, nous pouvons envisager deux hypothèses : 1° Les électrons positifs possèdent une masse réelle, beaucoup plus grande que leur masse fictive électromagnétique ; les électrons négatifs sont seuls dépourvus de masse réelle. On pourrait même supposer qu'en dehors des électrons des deux signes, il y a des atomes neutres qui n'ont plus d'autre masse que leur masse réelle. Dans ce cas, la Mécanique n'est pas atteinte ; nous n'avons pas besoin de toucher à ses lois ; la masse réelle est constante ; seulement les mouvements sont troublés par les effets de self-induction, ce qu'on a toujours su ; ces perturbations sont d'ailleurs a peu près négligeables, sauf pour les, électrons négatifs, qui, n'ayant pas de masse réelle, ne sont pas de la vraie matière.

2° Mais il y a un autre point de vue ; on peut supposer qu'il n'y a pas d'atome neutre, et que les électrons positifs sont dépourvus de masse réelle au même titre que les électrons négatifs. Mais alors, la masse réelle s'évanouissant, ou bien le mot *masse* n'aura plus aucun sens, ou bien il faudra qu'il désigne la masse fictive électromagnétique ; dans ce cas, la masse ne sera plus constante, la *masse* transversale ne sera plus égale à la masse longitudinale, les principes de la Mécanique seront renversés.

Un mot d'explication d'abord. Nous avons dit que, pour une même charge, la masse *totale* d'un électron positif est beaucoup plus grande que celle d'un électron négatif. Et alors il est naturel de penser que cette différence s'explique parce que l'électron positif a, outre sa masse fictive, une masse réelle-considérable ; ce qui nous ramènerait à la première hypothèse. Mais on peut admettre également que la masse réelle est nulle pour les uns comme pour les autres, mais que la masse fictive de l'électron positif est beaucoup plus grande, parce que cet électron est beaucoup plus petit. Je dis bien : beaucoup plus petit. Et, en effet, dans cette hypothèse, l'inertie est d'origine exclusivement électromagnétique ; elle se réduit à l'inertie de l'éther ; les électrons ne sont plus rien par eux-mêmes ; ils sont seulement des trous dans l'éther, et autour desquels s'agite l'éther ; plus ces trous seront petits, plus il y aura d'éther, plus par conséquent l'inertie de l'éther sera grande.

Comment décider entre ces-deux hypothèses ? En opérant sur les rayons-canaux comme Kaufmann l'a fait sur les rayons β ? C'est impossible ; la vitesse de ces rayons est beaucoup trop faible. Chacun devra-t-il donc se décider d'après son tempérament, les conservateurs allant d'un côté et les amis du nouveau de l'autre ? Peut-être ; mais, pour bien faire comprendre les arguments des novateurs, il faut faire intervenir d'autres considérations.

VI. — L'Aberration.

On sait en quoi consiste le phénomène de l'aberration, découvert par Bradley. La lumière émanée d'une étoile met un certain temps pour parcourir une lunette ; pendant ce temps, la lunette, entraînée par le mouvement de la Terre, s'est déplacée. Si donc on braquait la lunette dans la direction *vraie* de l'étoile, l'image se formerait au point qu'occupait la croisée des fils du réticule quand la lumière a atteint l'objectif ; et cette croisée ne serait plus en ce même point quand la lumière atteindrait le plan du réticule. On serait donc conduit à dépointer la lunette pour ramener l'image sur la croisée des fils. Il en résulte que l'astronome ne pointera pas la lunette dans la direction de la vitesse absolue de la lumière, c'est-à-dire sur la position vraie de l'étoile, mais bien dans la direction de la vitesse relative de la lumière par rapport à la Terre, c'est-à-dire sur ce qu'on appelle la position apparente de l'étoile. Sur la figure 1, nous avons représenté en AB la vitesse absolue de la lumière (changée de sens, puisque l'observateur est en A et l'étoile à une grande distance dans la direction AB), en BD la vitesse de la Terre, en AD la vitesse *relative* de la lumière (changée de sens) ; l'astronome devrait pointer son instrument dans la direction AB : il le pointe dans la direction AD.

La grandeur de AB, c'est-à-dire la vitesse de la lumière, est connue ; on pourrait donc croire que nous avons le moyen de calculer BD, c'est-à-dire la vitesse *absolue* de la Terre. (Je m'expliquerai tout à l'heure sur ce mot absolu.) Il n'en est rien ; nous connaissons bien la position apparente de l'étoile, c'est-à-dire la direction AD que nous observons ; mais nous ne connaissons pas sa position vraie : nous ne connaissons ÁB qu'en grandeur et pas en direction.

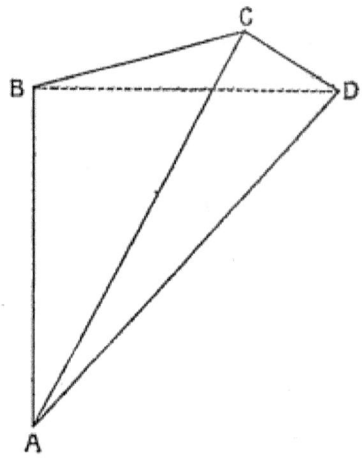

Fig. 1.

Si donc la vitesse absolue de la Terre était rectiligne et uniforme, nous n'aurions jamais soupçonné le phénomène de l'aberration ; mais elle est variable ; elle se compose de deux parties : la vitesse du système solaire, qui est rectiligne et uniforme et que je représente en BC ; la vitesse de la Terre par rapport au Soleil, qui est variable et que je représente en CD, de telle façon que la résultante soit représentée en BD.

Comme BC est constant, la direction AC est invariable ; elle définit la position apparente *moyenne* de l'étoile, tandis que la direction AD, qui est variable, définit la position apparente actuelle, qui décrit une petite ellipse autour de la position apparente moyenne, et c'est cette ellipse qu'on observe.

Nous connaissons CD en grandeur et en direction d'après les lois de Kepler et notre connaissance de la distance du Soleil ; nous connaissons AC et AD en direction et nous pouvons, par conséquent, construire le triangle ACD ; connaissant AC, nous aurons la vitesse de la lumière (représentée par AB), puisque, BC étant supposé très petit au regard de AB, AC diffère très peu de AB. La vitesse *relative* de la Terre par rapport au Soleil est seule intervenue.

Halte-là ! toutefois. Nous avons regardé AC comme égal à AB ; cela n'est pas rigoureux, cela n'est qu'approché ; poussons l'approximation un peu plus loin. Les dimensions de l'ellipse décrite pendant une année par la position apparente d'une étoile dépendent du rapport de CD, qui est connue, à la longueur AC ; l'observation nous fait donc connaître cette dernière longueur. Comparons les grands axes de l'ellipse pour les différentes étoiles : nous aurons pour chacune d'elles le moyen de déterminer AC en grandeur et en direction. La longueur AB est constante (c'est la vitesse de la lumière), de sorte que les points B correspondant aux diverses étoiles seront tous sur une sphère de centre A. Comme BC est constant en grandeur et direction, les points C correspondant aux différentes étoiles seront tous sur une sphère de rayon AB et de centre A', le vecteur AA' étant égal et parallèle à BC. Si alors on avait pu déterminer, comme nous venons de le dire, les différents points C, on connaîtrait cette sphère, son centre A' et, par conséquent, la grandeur et la direction de la vitesse absolue BC.

On aurait donc un moyen de déterminer la vitesse absolue de la Terre ; cela serait peut-être moins choquant qu'il ne semble d'abord ; il ne s'agit pas, en effet, delà vitesse par rapport à un espace absolu vide, mais de la vitesse par rapport à l'éther, que l'on regarde *par définition* comme étant en repos absolu.

D'ailleurs, ce moyen est purement théorique. En effet, l'aberration est très petite ; les variations possibles de l'ellipse d'aberration sont beaucoup plus petites encore, et, si nous regardons l'aberration comme du premier ordre, elles doivent donc être regardées comme du second ordre : un millième de seconde environ ; elles sont absolument inappréciables pour nos instruments. Nous verrons enfin plus loin pourquoi la théorie précédente doit être rejetée, et pourquoi nous ne pourrions déterminer BC quand même nos instruments seraient dix mille fois plus précis !

On pourrait songer à un autre moyen, et l'on y a songé en effet. La vitesse de la lumière n'est pas la même dans l'eau que dans l'air ; ne pourrait-on comparer les deux positions apparentes d'une étoile vue à travers une lunette tantôt pleine d'air, tantôt pleine d'eau ? Les résultats ont été négatifs ; les lois apparentes de la réflexion et de la réfraction ne sont pas altérées par le mouvement de la Terre. Ce phénomène comporte deux explications :

1° On pourrait supposer que l'éther n'est pas en repos, mais qu'il est entraîné par les corps en mouvement. Il ne serait pas étonnant alors que les phénomènes de réfraction ne fussent pas altérés par le mouvement de la Terre, puisque tout, prismes, lunettes et éther, est entraîné à la fois dans une même translation. Quant à l'aberration elle-même, elle s'expliquerait par une sorte de réfraction qui se produirait à la surface de séparation de l'éther en repos dans les espaces interstellaires et de l'éther entraîné par le mouvement de la Terre. C'est sur cette hypothèse (entraînement total de l'éther) qu'est fondée la *théorie de Hertz* sur l'Électrodynamique des corps en mouvement ;

2° Fresnel suppose, au contraire, que l'éther est en repos absolu dans le vide, en repos presque absolu dans l'air, quelle que soit la vitesse de cet air, et qu'il est partiellement entraîné par les milieux réfringents. Lorentz a donné à cette théorie une forme plus satisfaisante. Pour lui, l'éther est en repos, les électrons seuls sont en mouvement ; dans le vide, où l'éther entre seul en jeu, dans l'air, où il entre presque seul en jeu, l'entraînement est nul ou presque nul ; dans les milieux réfringents, où la perturbation est produite à la fois par les vibrations de l'éther et par celles des électrons mis en branle par l'agitation de l'éther, les ondulations se trouvent *partiellement* entraînées.

Pour décider entre les deux hypothèses, nous avons l'expérience de Fizeau, qui a comparé, par des mesures de franges d'interférence, la vitesse de la lumière dans l'air en repos ou en mouvement, ainsi que dans l'eau en repos ou en mouvement. Ces expériences ont confirmé l'hypothèse de l'entraînement partiel de Fresnel. Elles ont été reprises avec le même résultat par Michelson. *La théorie de Hertz doit donc être rejetée.*

VII. — LE PRINCIPE DE RELATIVITÉ.

Mais si l'éther n'est pas entraîné par le mouvement de la Terre, est-il possible de mettre en évidence, par le moyen des phénomènes optiques, la vitesse absolue de la Terre, ou plutôt sa vitesse par rapport à l'éther immobile ? L'expérience a répondu négativement, et cependant on a varié les procédés expérimentaux de toutes les manières possibles. Quel que soit le moyen qu'on emploie, on ne pourra jamais déceler que des vitesses relatives, j'entends les vitesses de certains corps matériels par rapport à d'autres corps matériels. En effet, si la source de lumière et les appareils d'observation sont sur la Terre et participent à son mouvement, les résultats expérimentaux ont toujours été les mêmes, quelle que soit l'orientation de l'appareil par rapport à la direction du mouvement orbital de la Terre. Si l'aberration astronomique se produit, c'est que la source, qui est une étoile, est en mouvement par rapport à l'observateur.

Les hypothèses faites jusqu'ici rendent parfaitement compte de ce résultat général, *si l'on néglige les quantités très petites de l'ordre du carré de l'aberration.* L'explication s'appuie sur la notion du *temps local*, que je vais chercher à faire comprendre, et qui a été introduite par Lorentz. Supposons deux observateurs, placés l'un en A, l'autre en B, et voulant régler leurs montres par le moyen de signaux optiques. Ils conviennent que B enverra un signal à A quand sa montre marquera une heure déterminée, et A remet sa montre à l'heure au moment où il aperçoit le signal. Si l'on opérait seulement de la sorte, il y aurait une erreur systématique, car comme la lumière met un certain temps t pour aller de B en A, la montre de A va retarder d'un temps t sur celle de B. Cette erreur est aisée à corriger. Il suffit de croiser les signaux. Il faut que A envoie à son tour des signaux à B : et, après ce nouveau réglage, ce sera la montre de B qui retardera d'un temps t sur celle de A. Il suffira alors de prendre la moyenne arithmétique entre les deux réglages.

Mais cette façon d'opérer suppose que la lumière met le même temps pour aller de A en B et pour revenir de B en A. Cela est vrai si les observateurs sont immobiles ; cela ne l'est plus s'ils sont entraînés dans une translation commune, parce qu'alors A, par exemple, ira au-devant de la lumière qui vient de B, tandis que B fuira devant la lumière qui vient de A. Si donc les observateurs sont entraînés dans une translation commune et s'ils ne s'en doutent pas, leur réglage sera défectueux ; leurs montres n'indiqueront pas le même temps ; chacune d'elles indiquera le *temps local*, convenant au point où elle se trouve.

Les deux observateurs n'auront aucun moyen de s'en apercevoir, si l'éther immobile ne peut leur transmettre que des signaux lumineux, marchant tous avec la même vitesse, et si les autres signaux qu'ils pourraient s'envoyer leur sont transmis par des milieux entraînés avec eux dans leur translation. Le phénomène que chacun d'eux observera sera soit en avance, soit en retard ; il ne se produira pas au même moment que si la translation n'existait pas ; mais, comme on l'observera avec une montre mal réglée, on ne s'en apercevra pas et les apparences ne seront pas altérées.

Il résulte de là que la compensation est facile à expliquer tant qu'on néglige le carré de l'aberration, et longtemps les expériences ont été trop peu précises pour qu'il y eût lieu d'en tenir compte. Mais un jour Michelson a imaginé un procédé beaucoup plus délicat : il a fait interférer des rayons qui avaient parcouru des trajets différents après s'être réfléchis sur des miroirs ; chacun des trajets approchant d'un mètre et les franges d'interférence permettant d'apprécier des différences d'une fraction de millième de millimètre, on ne pouvait plus négliger le carré de l'aberration, et *cependant les résultats furent encore négatifs*. La théorie demandait donc à être complétée, et elle l'a été par *l'hypothèse de Lorentz et Fitz-Gerald*.

Ces deux physiciens supposent que tous les corps entraînés dans une translation subissent une contraction dans le sens de cette translation, tandis que leurs dimensions perpendiculaires à cette translation demeurent invariables.*Cette contraction est la même pour tous les corps* ; elle est d'ailleurs très faible, d'environ un deux cent millionième pour une vitesse comme celle de la Terre. Nos instruments de mesure ne pourraient d'ailleurs la déceler, même s'ils étaient beaucoup plus précis ; les mètres avec lesquels nous mesurons subissent, en effet, la même contraction que les objets à mesurer. Si un corps s'applique exactement sur le mètre, quand on oriente le corps et, par conséquent, le mètre dans le sens du mouvement de la Terre, il ne cessera pas de s'appliquer exactement sur le mètre dans une autre orientation, et cela bien que le corps et le mètre aient changé de longueur en même temps que d'orientation, et précisément parce que le changement est le même pour l'un et pour l'autre. Mais il n'en est pas de même si nous mesurons une longueur non plus avec un mètre, mais par le temps que la lumière met à la parcourir, et c'est précisément ce qu'a fait Michelson.

Un corps sphérique, lorsqu'il est en repos, prendra ainsi la forme d'un ellipsoïde de révolution aplati lorsqu'il sera en mouvement ; mais l'observateur le croira toujours sphérique, parce qu'il a subi lui-même une déformation analogue, ainsi que tous les objets qui lui servent de points de repère. Au contraire, les surfaces d'ondes de la lumière, qui sont restées rigoureusement sphériques, lui paraîtront des ellipsoïdes allongés.

Que va-t-il se passer alors ? Supposons un observateur et une source entraînés ensemble dans la translation : les surfaces d'onde émanées de la source seront des sphères ayant pour centres les positions successives de la source ; la distance de ce centre à la position actuelle de la source sera proportionnelle au temps écoulé depuis l'émission, c'est-à-dire au rayon de la sphère. Toutes ces sphères seront donc homothétiques l'une de l'autre, par rapport à la position actuelle S de la source. Mais, pour notre observateur, à cause de la contraction, toutes ces sphères paraîtront des ellipsoïdes allongés ; et tous ces ellipsoïdes seront encore homothétiques par rapport au point S ; l'excentricité de tous ces ellipsoïdes est la même et dépend seulement de la vitesse de la Terre. *Nous choisirons la loi de contraction, de façon que le point S soit au foyer de la section méridienne de l'ellipsoïde.*

Comment, allons-nous faire alors, pour évaluer le temps que met la lumière pour aller de B en A ? Je représente en A et en B (fig. 2) les positions *apparentes* de ces deux points. Je construis un ellipsoïde semblable aux ellipsoïdes des ondes que nous venons de définir et ayant son grand axe dans la direction du mouvement de la Terre. Je construis cet ellipsoïde de façon qu'il passe par B et ait son foyer en A.

D'après une propriété bien connue de l'ellipsoïde, on a une relation entre la distance apparente AB des deux points et sa projection AB' ; cette relation est :

$$AB + e \cdot AB' = OQ\sqrt{1 - e^2}.$$

Mais le demi-petit axe de l'ellipsoïde, qui en est la dimension inaltérée, est égal à Vt, V étant la vitesse de la lumière et t la durée de transmission ; d'où :

$$AB + e \cdot AB' = Vt\sqrt{1 - e^2}.$$

L'excentricité e est une constante ne dépendant que de la vitesse de la Terre ; nous avons donc une relation linéaire entre AB, AB' et t. Mais AB' est la différence des abscisses des points A et B. Supposons que la différence entre le temps vrai et le

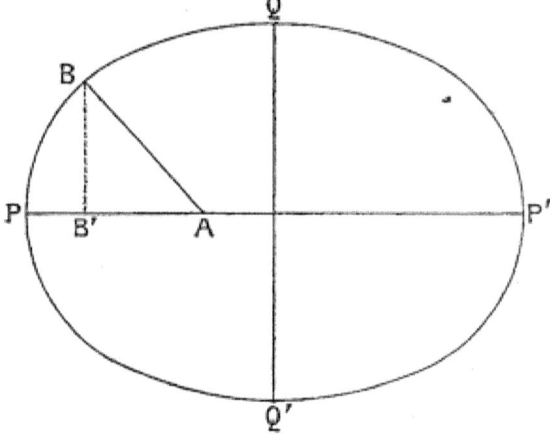

Fig. 2.

temps local en un point quelconque soit égale à l'abscisse de ce point multipliée par la constante :

$$\frac{e}{V\sqrt{1 - e^2}};$$

la durée *apparente* de transmission sera

$$\tau = t - AB' \frac{e}{V\sqrt{1-e^2}}$$

d'où :

$$AB = Vt\sqrt{1-e^2};$$

C'est-à-dire que la durée *apparente* de transmission est proportionnelle à la distance *apparente*. Cette fois, la compensation est *rigoureuse*, et c'est ce qui explique l'expérience de Michelson.

J'ai dit plus haut que, d'après les théories ordinaires, les observations de l'aberration astronomique pourraient nous faire connaître la vitesse absolue de la Terre, si nos instruments étaient mille fois plus précis. Il me faut modifier cette conclusion. Oui, les angles observés seraient modifiés par l'effet de cette vitesse absolue, mais les cercles divisés dont nous nous servons pour mesurer les angles seraient déformés par la translation : ils deviendraient des ellipses ; il en résulterait une erreur sur l'angle mesuré, et *cette seconde erreur compenserait exactement la première*.

Cette hypothèse de Lorentz et Fitz-Gerald paraîtra au premier abord fort extraordinaire ; tout ce que nous pouvons dire pour le moment en sa faveur, c'est qu'elle n'est que la traduction immédiate du résultat expérimental de Michelson, si l'on *définit* les longueurs par les temps que la lumière met à les parcourir.

Quoi qu'il en soit, il est impossible d'échapper à cette impression que le principe de relativité est une loi générale de la Nature, qu'on ne pourra Jamais par aucun moyen imaginable mettre en évidence que des vitesses relatives, et j'entends par là non pas seulement les vitesses des corps par rapport à l'éther, mais les vitesses des corps les uns par rapport aux autres. Trop d'expériences diverses ont donné des résultats concordants pour qu'on ne se sente pas tenté d'attribuer à ce principe de relativité une valeur comparable à celle du principe d'équivalence, par exemple. Il convient, en tout cas, de voir à quelles conséquences nous conduirait cette façon de voir et de soumettre ensuite ces conséquences au contrôle de l'expérience.

VI. — L'Aberration.

VIII. — LE PRINCIPE DE RÉACTION.

Voyons ce que devient, dans la théorie de Lorentz, le principe de l'égalité de l'action et de la réaction. Voilà un électron A qui entre en mouvement pour une cause quelconque ; il produit une perturbation dans l'éther ; au bout d'un certain temps, cette perturbation atteint un autre électron B, qui sera dérangé de sa position d'équilibre. Dans ces conditions, il ne peut y avoir égalité entre l'action et la réaction, au moins si l'on ne considère pas l'éther, mais seulement les électrons *qui sont seuls observables*, puisque notre matière est formée d'électrons.

En effet, c'est l'électron A qui a dérangé l'électronB ; alors même que l'électron B réagirait sur A, cette réaction pourrait être égale à l'action, mais elle ne saurait, en aucun cas, être simultanée, puisque l'électron B ne pourrait entrer en mouvement qu'après un certain temps, nécessaire pour la propagation. Si l'on soumet le problème à un calcul plus précis, on arrive au résultat suivant : Supposons un excitateur de Hertz placé au foyer d'un miroir parabolique auquel il est lié mécaniquement ; cet excitateur émet des ondes électromagnétiques, et le miroir renvoie toutes ces ondes dans la même direction ; l'excitateur va donc rayonner de l'énergie dans une direction déterminée. Eh bien, le calcul montre que *l'excitateur va reculer* comme un canon qui a envoyé un projectile. Dans le cas du canon, le recul est le résultat naturel de l'égalité de l'action et de la réaction. Le canon recule, parce que le projectile sur lequel il a agi réagit sur lui.

Mais ici, il n'en est plus de même. Ce que nous avons envoyé au loin, ce n'est plus un projectile matériel : c'est de l'énergie, et l'énergie n'a pas de masse ; il n'y a pas de contre-partie. Et, au lieu d'un excitateur, nous aurions pu considérer tout simplement une lampe avec un réflecteur concentrant ses rayons dans une seule direction.

Il est vrai que, si l'énergie émanée de l'excitateur ou de la lampe vient à atteindre un objet matériel, cet objet va subir une poussée mécanique comme s'il avait été atteint par un projectile véritable, et cette poussée sera égale au recul de l'excitateur et de la lampe, s'il ne s'est pas perdu d'énergie en route et si l'objet absorbe cette énergie en totalité. On serait donc tenté de dire qu'il y a encore compensation entre l'action et la réaction. Mais cette compensation, alors même qu'elle est complète, est toujours retardée. Elle ne se produit jamais si la lumière, après avoir quitté la source, erre dans les espaces interstellaires sans jamais rencontrer un corps matériel ; elle est incomplète, si le corps qu'elle frappe n'est pas parfaitement absorbant.

Ces actions mécaniques sont-elles trop petites pour être mesurées, ou bien sont-elles accessibles à l'expérience? Ces actions ne sont autre chose que celles qui sont dues aux pressions *Maxwell-Bartholi* ; Maxwell avait prévu ces pressions par des calculs relatifs à l'Électrostatique et au Magnétisme ; Bartholi était arrivé au même résultat par des considérations de Thermodynamique.

C'est de cette façon que s'expliquent les *queues des comètes*. De petites particules se détachent du noyau de la comète ; elles sont frappées par la lumière du Soleil, qui les repousse comme ferait une pluie de projectiles venant du Soleil. La masse de ces particules est tellement petite que cette répulsion l'emporte sur l'attraction newtonienne ; elles vont donc former les queues en s'éloignant du Soleil.

La vérification-expérimentale directe n'était pas aisée à obtenir. La première tentative a conduit à la construction du *radiomètre*. Mais cet appareil *tourne à l'envers*, dans le sens opposé au sens théorique, et l'explication de sa rotation, découverte depuis, est toute différente. On a réussi enfin, en poussant plus loin le vide d'une part, et d'autre part en ne noircissant pas l'une des faces des palettes et dirigeant un faisceau lumineux sur l'une des faces. Les effets radiométriques et les autres causes perturbatrices sont éliminés par une série de précautions minutieuses, et l'on obtient une déviation qui est fort petite, mais qui est, paraît-il, conforme à la théorie.

Les mêmes effets de la pression Maxwell-Bartholi sont prévus également par la théorie de Hertz, dont nous avons parlé plus haut, et par celle de Lorentz. Mais il y a une différence. Supposons que l'énergie, sous forme de lumière par exemple, aille d'une source lumineuse à un corps quelconque à travers un milieu transparent. La pression de Maxwell-Bartholi agira, non seulement sur la source au départ, et sur le corps éclairé à, l'arrivée, mais sur la matière

VIII. — Le Principe de Réaction.

du milieu transparent qu'elle traverse. Au moment où l'onde lumineuse atteindra une région nouvelle de ce milieu, cette pression poussera en avant la matière qui s'y trouve répandue et la ramènera en arrière quand l'onde quittera cette région. De sorte que le recul de la source a pour contre-partie la marche en avant de la matière transparente qui est au contact de cette source ; un peu plus tard, le recul de cette même matière a pour contre-partie la marche en avant de la matière transparente qui se trouve un peu plus loin, et ainsi de suite.

Seulement la compensation est-elle parfaite ? L'action de la pression Maxwell-Bartholi sur la matière du milieu transparent est-elle égale à sa réaction sur la source, et cela quelle que soit cette matière ? Ou bien cette action est-elle d'autant plus petite que le milieu est moins réfringent et plus raréfié, pour devenir nulle dans le vide ? Si l'on admettait la théorie de Hertz, qui regarde la matière comme mécaniquement liée à l'éther, de façon que l'éther soit entraîné entièrement par la matière, il faudrait répondre oui à la première question et non à la seconde.

Il y aurait alors compensation parfaite, comme l'exige le principe de l'égalité de l'action et de la réaction, même dans les milieux les moins réfringents, même dans l'air, même dans le vide interplanétaire, où il suffirait de supposer un reste de matière, si subtile qu'elle soit. Si l'on admet, au contraire, la théorie de Lorentz, la compensation, toujours imparfaite, est insensible dans l'air et devient nulle dans le vide.

Mais nous avons vu plus haut que l'expérience de Fizeau ne permet pas de conserver la théorie de Hertz ; il faut donc adopter la théorie de Lorentz et, par conséquent *renoncer au principe de réaction.*

IX. — Conséquences du Principe de Relativité.

Nous avons vu plus haut les raisons qui portent à regarder le Principe de Relativité comme une loi générale de la Nature. Voyons à quelles conséquences nous conduirait ce principe, si nous le regardions comme définitivement démontré.

D'abord il nous oblige à généraliser l'hypothèse de Lorentz et

Henri Poincaré

Fitz-Gerald sur la contraction de tous les corps dans le sens de la translation. En particulier, nous devrons étendre cette hypothèse aux électrons eux-mêmes. Abraham considérait ces électrons comme sphériques et indéformables ; il nous faudra admettre que ces électrons, sphériques quand ils sont au repos, subissent la contraction de Lorentz quand ils sont en mouvement et prennent alors la forme d'ellipsoïdes aplatis.

Cette déformation des électrons va influer sur leurs propriétés mécaniques. En effet, j'ai dit que le déplacement de ces électrons chargés est un véritable courant de convection et que leur inertie apparente est due à la self-induction de ce courant : exclusivement en ce qui concerne les électrons négatifs ; exclusivement ou non, nous n'en savons rien encore, pour les électrons positifs. Eh bien, la déformation des électrons, déformation qui dépend de leur vitesse, va modifier la distribution de l'électricité à leur surface, par conséquent l'intensité du courant de convection qu'ils produisent, par conséquent les lois suivant lesquelles la self-induction de ce courant variera en fonction de la vitesse.

A ce prix, la compensation sera parfaite et conforme aux exigences du Principe de Relativité, mais cela à deux conditions :

1° Que les électrons positifs n'aient pas de masse réelle, mais seulement une masse fictive électromagnétique ; ou tout au moins que leur masse réelle, si elle existe, ne soit pas constante et varie avec la vitesse suivant les mêmes lois que leur masse fictive ;

2° Que toutes les forces soient d'origine électromagnétique, ou tout au moins qu'elles varient avec la vitesse suivant les mêmes lois que les forces d'origine électromagnétique.

C'est encore Lorentz qui a fait cette remarquable synthèse ; arrêtons-nous-y un instant et voyons ce qui en découle. D'abord, il n'y a plus de matière, puisque les électrons positifs n'ont plus de masse réelle, ou tout au moins plus de masse réelle constante. Les principes actuels de notre Mécanique, fondés sur la constance de la masse, doivent donc être modifiés.

Ensuite, il faut chercher une explication électromagnétique de toutes les forces connues, en particulier de la gravitation, ou tout au moins modifier la loi de la gravitation de telle façon que cette force soit altérée par la vitesse de la même façon que les forces électromagnétiques. Nous reviendrons sur ce point.

Tout cela paraît, au premier abord, un peu artificiel. En particulier, cette déformation des électrons semble bien hypothétique. Mais on peut présenter la chose autrement, de façon à éviter de mettre cette hypothèse de la déformation à la base du raisonnement. Considérons les électrons comme des points matériels et demandons-nous comment doit varier leur masse en fonction de la vitesse pour ne pas contrevenir au principe de relativité. Ou, plutôt encore demandons-nous quelle doit être leur accélération sous l'influence d'un champ électrique ou magnétique, pour que ce principe ne soit pas violé et qu'on retombe sur les lois ordinaires en supposant la vitesse très faible. Nous trouverons que les variations de cette masse, ou de ces accélérations, doivent se passer *comme si* l'électron subissait la déformation de Lorentz.

X. — L'Expérience de Kaufmann.

Nous voilà donc en présence de deux théories : l'une où les électrons sont indéformables, c'est celle d'Abraham ; l'autre où ils subissent la déformation de Lorentz. Dans les deux cas, leur masse croît avec la vitesse, pour devenir infinie quand cette vitesse devient égale à celle de la lumière ; mais la loi de la variation n'est pas la même. La méthode employée par Kaufmann pour mettre en évidence la loi de variation de la masse semble donc nous donner un moyen expérimental de décider entre les deux théories.

Malheureusement, ses premières expériences n'étaient pas assez précises pour cela ; aussi a-t-il cru devoir les reprendre avec plus de précautions, et en mesurant avec grand soin l'intensité des champs. Sous leur nouvelle forme, *elles ont donné raison à la théorie d'Abraham.* Le Principe de Relativité n'aurait donc pas la valeur rigoureuse qu'on était tenté de lui attribuer ; on n'aurait plus aucune raison de croire que les électrons positifs sont dénués de masse réelle comme les électrons négatifs.

Toutefois, avant d'adopter définitivement cette conclusion, un peu de réflexion est nécessaire. La question est d'une telle importance qu'il serait à désirer que l'expérience de Kaufmann fût reprise par un autre expérimentateur. Malheureusement, cette expérience est fort délicate et ne pourra être menée à bien que par un physicien de la même habileté que Kaufmann. Toutes les précautions ont été convenablement prises et l'on ne voit pas bien quelle objection on pourrait faire.

Il y a cependant un point sur lequel je désirerais attirer l'attention : c'est sur la mesure du champ électrostatique, mesure d'où tout dépend. Ce champ était produit entre les deux armatures d'un condensateur ; et, entre ces armatures, on avait dû faire un vide extrêmement parfait, afin d'obtenir un isolement complet. On a mesuré alors la différence de potentiel des deux armatures, et l'on a obtenu le champ en divisant cette différence par la distance des armatures. Cela suppose que le champ est uniforme ; cela est-il certain ? Ne peut-il se faire qu'il y ait une chute brusque de potentiel dans le voisinage d'une des armatures, de l'armature négative, par exemple ? Il peut y avoir une différence de potentiel au contact entre le métal et le vide, et il peut se faire que cette différence ne soit pas la même du côté positif et du côté négatif ; ce qui me porterait à le croire, ce sont les effets de soupape électrique entre mercure et vide. Quelque faible que soit la probabilité pour qu'il en soit ainsi, il semble qu'il y ait lieu d'en tenir compte.

XI. — Le Principe d'Inertie.

Dans la nouvelle Dynamique, le Principe d'Inertie est encore vrai, c'est-à-dire qu'un électron *isolé* aura un mouvement rectiligne et uniforme. Du moins, on s'accorde généralement à l'admettre ; cependant, Lindemann a fait des objections à cette façon de voir ; je ne veux pas prendre parti dans cette discussion, que je ne puis exposer ici à cause de son caractère trop ardu. Il suffirait en tout cas de légères modifications à la théorie pour se mettre à l'abri des objections de Lindemann.

On sait qu'un corps plongé dans un fluide éprouve, quand il est en mouvement, une résistance considérable, mais c'est parce que nos fluides sont visqueux ; dans un fluide idéal, parfaitement dépourvu de viscosité, le corps agiterait derrière lui une poupe liquide, une sorte de sillage ; au départ, il faudrait un grand effort pour le mettre en mouvement, puisqu'il faudrait ébranler non seulement le corps lui-même, mais le liquide de son sillage. Mais, une fois le mouvement acquis, il se perpétuerait sans résistance, puisque le corps, en s'avançant, transporterait simplement avec lui la perturbation du liquide, sans que la force vive totale de ce liquide augmentât. Tout se passerait donc comme si son inertie était augmentée. Un électron s'avançant dans l'éther se comporterait de la même manière : autour de lui, l'éther serait agité, mais cette perturbation accompagnerait le corps dans son mouvement ; de sorte que, pour un observateur entraîné avec l'électron, les champs électrique et magnétique qui accompagnent cet électron paraîtraient invariables, et ne pourraient changer que si la vitesse de l'électron venait à varier. Il faudrait donc un effort pour mettre l'électron en mouvement, puisqu'il faudrait créer l'énergie de ces champs ; au contraire, une fois le mouvement acquis, aucun effort ne serait nécessaire pour le maintenir, puisque l'énergie créée n'aurait plus qu'à se transporter derrière l'électron comme un sillage. Cette énergie ne peut donc qu'augmenter l'inertie de l'électron, comme l'agitation du liquide augmente celle du corps plongé dans un fluide parfait. Et même les électrons négatifs, tout au moins, n'ont pas d'autre inertie que celle-là.

Dans l'hypothèse de Lorentz, la force vive, qui n'est autre que l'énergie de l'éther, n'est pas proportionnelle à v^2, mais à :

$$\frac{V - \sqrt{V^2 - v^2}}{\sqrt{V^2 - v^2}},$$

V représentant la vitesse de la lumière ; la quantité de mouvement n'est plus proportionnelle à v, mais à :

$$\frac{v}{\sqrt{V^2 - v^2}}$$

la masse transversale est en raison inverse de $\sqrt{V^2 - v^2}$ et la masse longitudinale en raison inverse du cube de cette quantité.

On voit que, si v est très faible, la force vive est sensiblement proportionnelle à v^2 la quantité de mouvement sensiblement proportionnelle à v, les deux masses sensiblement constantes et égales entre elles. Mais, *quand la vitesse tend vers la vitesse de la lumière, la force vive, la quantité de mouvement et les deux masses croissent au delà de toute limite.*

Dans l'hypothèse d'Abraham, les expressions sont un peu plus compliquées : mais ce que nous venons de dire subsiste dans ses traits essentiels.

Ainsi la masse, la quantité de mouvement, la force vive deviennent infinis quand la vitesse est égale à celle de la lumière. Il en résulte *qu'aucun corps ne pourra atteindre par aucun moyen une vitesse supérieure à celle de la lumière.* Et, en effet, à mesure que sa vitesse croît, sa masse croît, de sorte que son inertie oppose à tout nouvel accroissement de vitesse un obstacle de plus en plus grand.

Les auteurs qui ont écrit sur la Dynamique de l'Electron parlent, il est vrai, des corps qui vont plus vite que la lumière ; mais c'est pour se demander comment se comporterait un corps dont la vitesse *initiale* serait plus grande que celle de la lumière, qui aurait, par conséquent, déjà franchi la limite, avant qu'on s'occupât de lui ; ce n'est pas pour nous dire par quels moyens il pourrait franchir cette limite.

Une question se pose alors : admettons le Principe de Relativité ; un observateur en mouvement ne doit pas avoir le moyen de s'apercevoir de son propre mouvement. Si donc aucun corps dans son mouvement absolu ne peut dépasser la vitesse de la lumière, mais peut en approcher autant qu'on veut, il doit en être de même en ce qui concerne son mouvement relatif par rapport à notre observateur. Et alors on pourrait être tenté de raisonner comme il suit : L'observateur peut atteindre une vitesse de 200,000 kilomètres ; le corps, dans son mouvement relatif par rapport à l'observateur, peut atteindre la même vitesse ; sa vitesse absolue sera alors de 400.000 kilomètres, ce qui est impossible, puisque c'est un chiffre supérieur à la vitesse de la lumière.

C'est qu'il faut tenir compte de la façon dont il convient d'évaluer les vitesses relatives ; il faut les compter non avec le temps vrai, mais avec le temps *local*. Soient A et B deux points invariablement liés à l'observateur ; soit t et $t + h$ les moments où le corps passe en A et en B, moments évalués en temps vrais ; soient αt et $\alpha(t + h)$ ces mêmes moments évalués en temps local de A ; soient $\alpha(t+ \varepsilon)$

et α($t + h + ε$) ces mêmes moments évalués en temps local de B. Si l'on évaluait la durée du parcours AB en temps vrai, cette durée serait donc h et la vitesse relative $\overline{h}$; mais nous devons l'évaluer en temps local, c'est-à-dire noter l'instant du passage en A en temps local de A, et celui du passage en B en temps local de B, de sorte que la durée du parcours sera α($ε + h$) et la vitesse relative :

$$\frac{AB}{\alpha(\epsilon + h)}$$

Et c'est ainsi que se fait la compensation.

XII. — L'Onde d'Accélération.

Quand un électron est en mouvement, il produit dans l'éther qui l'entoure une perturbation ; si son mouvement est rectiligne et uniforme, cette perturbation se réduit au sillage dont nous avons parlé au chapitre précédent. Mais il n'en est plus de même si le mouvement est curviligne ou varié. La perturbation peut alors être regardée comme la superposition de deux autres, auxquelles Langevin a donné les noms d'*onde de vitesse et d'onde d'accélération*.

L'onde de vitesse n'est autre chose que le sillage qui se produit dans le mouvement uniforme. Je précise : soit M un point quelconque de l'éther, envisagé à un instant t ; soit P la position qu'occupait l'électron à un instant antérieur $t - h$, de telle sorte que h soit précisément le temps que la lumière mettrait pour aller de P en M. Soit v la vitesse qu'avait l'électron à cet instant $t - h$. Eh bien, si nous n'envisageons que l'onde de vitesse, la perturbation au point M sera la même que si l'électron avait continué sa route depuis l'instant $t - h$, en conservant la vitesse v et avec un mouvement rectiligne et uniforme.

Quant à l'onde d'accélération, c'est une perturbation tout à fait analogue aux ondes lumineuses, qui part de l'électron au moment où il subit une accélération, et qui se propage ensuite par ondes sphériques successives avec la vitesse de la lumière.

D'où cette conséquence : dans un mouvement rectiligne et uniforme, l'énergie se conserve intégralement ; mais, dès qu'il y a une accélération, il y a perte d'énergie, qui se dissipe sous forme d'ondes lumineuses et s'en va à l'infini à travers l'éther.

Toutefois, les effets de cette onde d'accélération, en particulier la perte d'énergie correspondante, sont négligeables dans la plupart des cas, c'est-à-dire non seulement dans la Mécanique ordinaire et dans les mouvements des corps célestes, mais même dans les rayons du radium, où la vitesse est très grande sans que l'accélération le soit. On peut alors se borner à appliquer les lois de la Mécanique, en écrivant que la force est égale au produit de l'accélération par la masse, cette masse, toutefois, variant avec la vitesse d'après les lois exposées plus haut. On dit alors que le mouvement est *quasi-stationnaire.*

Il n'en serait plus de même dans tous les cas où l'accélération est grande, et dont les principaux sont les suivants : 1° Dans les gaz incandescents, certains électrons prennent un mouvement oscillatoire de très haute fréquence ; les déplacements sont très petits, les vitesses sont finies, et les accélérations très grandes ; l'énergie se communique alors à l'éther, et c'est pour cela que ces gaz rayonnent de la lumière de même période que les oscillations de l'électron ; 2° Inversement, quand un gaz reçoit de la lumière, ces mêmes électrons sont mis en branle avec de fortes accélérations et ils absorbent de la lumière ; 3° Dans l'excitateur de Hertz, les électrons qui circulent dans la masse métallique subissent, au moment de la décharge, une brusque accélération et prennent ensuite un mouvement oscillatoire de haute fréquence. Il en résulte qu'une partie de l'énergie rayonne sous formes d'ondes hertziennes ; 4° Dans un métal incandescent, les électrons enfermés dans ce métal sont animés de grandes vitesses ; en arrivant à la surface du métal, qu'ils ne peuvent franchir, ils se réfléchissent et subissent ainsi une accélération considérable. C'est pour cela que le métal émet de la lumière. C'est ce que j'ai déjà expliqué au chapitre IV. Les détails des lois de l'émission de la lumière par les corps noirs sont parfaitement expliqués par cette hypothèse ; 5° Enfin, quand les rayons cathodiques viennent frapper l'anticathode, les électrons négatifs qui constituent ces rayons, et qui sont animés de très grandes vitesses, sont brusquement arrêtés. Par suite de l'accélération qu'ils subissent ainsi, ils produisent des ondulations dans l'éther. Ce serait là, d'après certains physiciens, l'origine des rayons Röntgen, qui ne seraient autre chose que des rayons lumineux de très courte longueur d'onde.

XIII. — La Gravitation.

La masse peut être définie de deux manières : 1° par le quotient de la force par l'accélération ; c'est la véritable définition delà masse, qui mesure l'inertie du corps ; 2° par l'attraction qu'exerce le corps sur un corps extérieur, en vertu de la loi de Newton. Nous devons donc distinguer la masse coefficient d'inertie, et la masse coefficient d'attraction. D'après la loi de Newton, il y a proportionnalité rigoureuse entre ces deux coefficients. Mais cela n'est démontré que pour les vitesses auxquelles les principes généraux de la Dynamique sont applicables. Maintenant, nous avons vu que la masse coefficient d'inertie croît avec la vitesse ; devons-nous conclure que la masse coefficient d'attraction croît également avec la vitesse et reste proportionnelle au coefficient d'inertie, ou, au contraire, que ce coefficient d'attraction demeure constant ? C'est là une question que nous n'avons aucun moyen de décider.

D'autre part, si le coefficient d'attraction dépend de la vitesse, comme les vitesses des deux corps qui s'attirent mutuellement ne sont généralement par les mêmes, comment ce coefficient dépendra-t-il de ces deux vitesses ?

Nous ne pouvons faire à ce sujet que des hypothèses, mais nous sommes naturellement amenés à rechercher quelles seraient celles de ces hypothèses qui seraient compatibles avec le Principe de Relativité. Il y en a un grand nombre ; la seule dont je parlerai ici est celle de Lorentz, que je vais exposer brièvement.

Considérons d'abord des électrons en repos. Deux électrons de même signe se repoussent et deux électrons de signe contraire s'attirent ; dans la théorie ordinaire, leurs actions mutuelles sont proportionnelles à leurs charges électriques ; si donc nous avons quatre électrons, deux positifs A et A', et deux négatifs B et B', et que les charges de ces quatre électrons soient les mêmes, en valeur absolue, la répulsion de A sur A' sera, à la même distance, égale à la répulsion de B sur B', et égale encore à l'attraction de A sur B', ou de A' sur B. Si donc A et B sont très près l'un de l'autre, de même que A' et B', et que nous examinions l'action du système A + B sur le système A' + B', nous aurons deux répulsions et deux attractions qui se compenseront exactement et l'action résultante sera nulle.

Or, les molécules matérielles doivent précisément être regardées comme des espèces de systèmes solaires où circulent des électrons, les uns positifs, les autres négatifs, et *de telle façon que la somme algébrique de toutes les charges soit nulle*. Une molécule matérielle est donc de tout point assimilable au système A + B dont nous venons de parler, de sorte que l'action électrique totale de deux molécules l'une sur l'autre devrait être nulle.

Mais l'expérience nous montre que ces molécules s'attirent par suite de la gravitation newtonienne ; et alors on peut faire deux hypothèses : on peut supposer que la gravitation n'a aucun rapport avec les attractions électrostatiques, qu'elle est due à une cause entièrement différente, et qu'elle vient simplement s'y superposer ; ou bien on peut admettre qu'il n'y a pas proportionnalité des attractions aux charges et que l'attraction exercée par une charge +1 sur une charge +1 est plus grande que la répulsion mutuelle de deux charges +1, ou que celle de deux charges -1.

En d'autres termes, le champ électrique produit par les électrons positifs et celui que produisent les électrons négatifs se superposeraient en restant distincts. Les électrons positifs seraient plus sensibles au champ produit par les électrons négatifs qu'au, champ produit par les électrons positifs ; ce serait, le contraire pour les électrons négatifs. Il est clair que cette hypothèse complique un peu l'Electrostatique, mais qu'elle y fait rentrer la gravitation. C'était, en somme, l'hypothèse de Franklin.

Qu'arrive-t-il maintenant si les électrons sont en mouvement ? Les électrons positifs vont engendrer une perturbation dans l'éther et y feront naître un champ électrique et un champ magnétique. Il en sera de même pour les électrons négatifs. Les électrons, tant positifs que négatifs, subiront ensuite une impulsion mécanique par l'action de ces différents champs. Dans la théorie ordinaire, le champ électromagnétique, dû au mouvement des électrons positifs, exerce, sur deux électrons de signe contraire et de même charge absolue, des actions égales et de signe contraire. On peut alors sans inconvénient ne pas distinguer le champ dû au mouvement des électrons positifs et le champ dû au mouvement des électrons négatifs et ne considérer que la somme algébrique de ces deux champs, c'est-à-dire le résultant.

Dans la nouvelle théorie, au contraire, l'action sur les électrons positifs du champ électromagnétique dû aux électrons positifs se fait d'après les lois ordinaires ; il en est de même de l'action sur les électrons négatifs du champ dû aux électrons négatifs. Considérons maintenant l'action du champ dû aux électrons positifs sur les électrons négatifs (ou inversement) ; elle suivra encore les mêmes lois, mais *avec un coefficient différent*. Chaque électron est plus sensible au champ créé par les électrons de nom contraire qu'au champ créé par les électrons de même nom.

Telle est l'hypothèse de Lorentz, qui se réduit à l'hypothèse de Franklin aux faibles vitesses ; elle rendra donc compte, pour ces faibles vitesses, de la loi de Newton. De plus, comme la gravitation se ramène à des forces d'origine électrodynamique, la théorie générale de Lorentz s'y appliquera, et par conséquent le Principe de la Relativité ne sera pas violé.

On voit que la loi de Newton n'est plus applicable aux grandes vitesses et qu'elle doit être modifiée, pour les corps en mouvement, précisément de la même manière que les lois de l'Electrostatique pour l'électricité en mouvement.

On sait que les perturbations électromagnétiques se propagent avec la vitesse de la lumière. On sera donc tenté de rejeter la théorie précédente, en rappelant que la gravitation sa propage, d'après les calculs de Laplace, au moins dix millions de fois plus vite que la lumière, et que, par conséquent, elle ne peut être d'origine électrodynamique. Le résultat de Laplace est bien connu, mais on en ignore généralement la signification. Laplace supposait que, si la propagation de la gravitation n'est pas instantanée, sa vitesse de propagation se combine avec celle du corps attiré, comme cela se passe pour la lumière dans le phénomène de l'aberration astronomique, de telle façon que la force effective n'est pas dirigée suivant la droite qui joint les deux corps, mais fait avec cette droite un petit angle. C'est là une hypothèse toute particulière, assez mal justifiée, et en tout cas entièrement différente de celle de Lorentz. Le résultat

Henri Poincaré

de Laplace ne prouve rien contre la théorie de Lorentz.

XIV. — Comparaison avec les Observations astrono-miques.

Les théories précédentes sont-elles conciliables avec les observations astronomiques ? Tout d'abord, si on les adopte, l'énergie des mouvements planétaires sera constamment dissipée par l'effet de l'*onde d'accélération*. Il en résulterait que les moyens mouvements des astres iraient constamment en s'accélérant, comme si ces astres se mouvaient dans un milieu résistant. Mais cet effet est excessivement faible, beaucoup trop pour être décelé par les observations les plus précises. L'accélération des corps célestes est relativement faible, de sorte que les effets de l'onde d'accélération sont négligeables et que le mouvement peut être regardé comme *quasi-stationnaire*. Il est vrai que les effets de l'onde d'accélération vont constamment en s'accumulant, mais cette accumulation elle-même est si lente qu'il faudrait bien des milliers d'années d'observation pour qu'elle devînt sensible.

Faisons donc le calcul en considérant le mouvement comme quasi-stationnaire, et cela dans les trois hypothèses suivantes :

A. Admettons l'hypothèse d'Abraham (électrons indéformables) et conservons la loi de Newton sous sa forme habituelle ;

B. Admettons l'hypothèse de Lorentz sur la déformation des électrons et conservons la loi de Newton habituelle ;

C. Admettons l'hypothèse de Lorentz sur les électrons et modifions la loi de Newton, comme nous l'avons fait au chapitre XIII, de façon à la rendre compatible avec le Principe de Relativité.

C'est dans le mouvement de Mercure que l'effet sera le plus sensible, parce que cette planète est celle qui possède la plus grande vitesse. Tisserand avait fait un calcul analogue autrefois, en admettant la loi de Weber ; je rappelle que Weber avait cherché à expliquer à la fois les phénomènes électrostatiques et électrodynamiques en supposant que les électrons (dont le nom n'était pas encore inventé) exercent les uns sur les autres des attractions et des répulsions dirigées suivant la droite qui les joint, et dépendant non seulement de leurs distances, mais des dérivées premières et secondes de ces distances, par conséquent de leurs vitesses et de leurs accélérations. Cette loi de Weber, assez différente de celles qui tendent à prévaloir aujourd'hui, n'en présente pas moins avec elles une certaine analogie.

Tisserand a trouvé que, si l'attraction newtonienne se faisait conformément à la loi de Weber, il en résulterait pour le périhélie de Mercure une variation séculaire de 14», *de même sens que celle qui a été observée et n'a pu être expliquée*, mais plus petite, puisque celle-ci est de 38».

Revenons aux hypothèses A, B et C, et étudions d'abord le mouvement d'une planète attirée par un centre fixe. Les hypothèses B et C ne se distinguent plus alors, puisque, si le point attirant est fixe, le champ qu'il produit est un champ purement électrostatique, où l'attraction varie en raison inverse du carré des distances, conformément à la loi électrostatique de Coulomb, identique à celle de Newton.

L'équation des forces vives subsiste, en prenant pour la force vive la définition nouvelle ; de même, l'équation des aires est remplacée par une autre équivalente ; le moment de la quantité de mouvement est une constante, mais la quantité de mouvement doit être définie comme on le fait dans la nouvelle Dynamique.

Le seul effet sensible sera un mouvement séculaire du périhélie. Avec la théorie de Lorentz, on trouvera pour ce mouvement la moitié de ce que donnait la loi de Weber ; avec la théorie d'Abraham, les deux cinquièmes.

Si l'on suppose maintenant deux corps mobiles gravitant autour de leur centre de gravité commun, les effets sont très peu différents, quoique les calculs soient un peu plus compliqués. Le mouvement du périhélie de Mercure serait donc de 7» dans la théorie de Lorentz et de 5»,6 dans celle d'Abraham.

L'effet est d'ailleurs proportionnel à n^3a^2, n étant le moyen mouvement de l'astre et a le rayon de son orbite. Pour les planètes, en vertu de la loi de Kepler, l'effet varie donc en raison inverse de $\sqrt{a^5}$; il est donc insensible, sauf pour Mercure.

Il est insensible également pour la Lune, bien que n soit grand, parce que a est extrêmement petit ; en somme, il est cinq fois plus petit pour Vénus, et six cents fois plus petit pour la Lune que pour Mercure. Ajoutons qu'en ce qui concerne Vénus et la Terre, le mouvement du périhélie (pour une même vitesse angulaire de ce mouvement) serait beaucoup plus difficile à déceler par les observations astronomiques, parce que l'excentricité des orbites est beaucoup plus faible que pour Mercure.

En résumé, le seul effet sensible sur les observations astronomiques serait un mouvement du périhélie de Mercure, de même sens que celui qui a été observé sans être expliqué, mais notablement plus faible.

Cela ne peut pas être regardé comme un argument en faveur de la nouvelle Dynamique, puisqu'il faudra toujours chercher une autre explication pour la plus grande partie de l'anomalie de Mercure ; mais cela peut encore moins être regardé comme un argument contre elle.

XV. — LA THÉORIE DE LESAGE.

Il convient de rapprocher ces considérations d'une théorie proposée depuis longtemps pour expliquer la gravitation universelle. Supposons que, dans les espaces interplanétaires, circulent dans tous les sens, avec de très grandes vitesses, des corpuscules très ténus. Un corps isolé dans l'espace ne sera pas affecté en apparence par les chocs de ces corpuscules, puisque ces chocs se répartissent également dans toutes les directions. Mais, si deux corps A et B sont en présence, le corps B jouera le rôle d'écran et interceptera une partie des corpuscules qui, sans lui, auraient frappé A. Alors, les chocs reçus par A dans la direction opposée à celle de B n'auront plus de contre-partie, ou ne seront plus qu'imparfaitement compensés, et ils pousseront A vers B.

Telle est la théorie de Lesage ; et nous allons la discuter en nous plaçant d'abord au point de vue de la Mécanique ordinaire. Comment, d'abord, doivent avoir lieu les chocs prévus par cette théorie ; est-ce d'après les lois des corps parfaitement élastiques, ou d'après celles des corps dépourvus d'élasticité, ou d'après une loi intermédiaire ? Les corpuscules de Lesage ne peuvent se comporter comme des corps parfaitement élastiques ; sans cela, l'effet serait nul, parce que les corpuscules interceptés par le corps B seraient remplacés par d'autres qui auraient rebondi sur B, et que le calcul prouve que la compensation serait parfaite.

Il faut donc que le choc fasse perdre de l'énergie aux corpuscules, et cette énergie devrait se retrouver sous forme de chaleur. Mais quelle serait la quantité de chaleur ainsi produite ? Observons que l'attraction passe à travers les corps ; il faut donc nous représenter la Terre, par exemple, non pas comme un écran plein, mais comme formée d'un très grand nombre de molécules sphériques très petites, qui jouent individuellement le rôle de petits écrans, mais entre lesquelles les corpuscules de Lesage peuvent circuler librement. Ainsi, non seulement la Terre n'est pas un écran plein, mais ce n'est pas même une passoire, puisque les vides y tiennent beaucoup plus de place que les pleins. Pour nous en rendre compte, rappelons que Laplace a démontré que l'attraction, en traversant la Terre, est affaiblie tout au plus d'un dix-millionième, et sa démonstration ne laisse rien à désirer : si, en effet, l'attraction était absorbée par les corps qu'elle traverse, elle ne serait plus proportionnelle aux masses ; elle serait *relativement*plus faible pour les gros corps que pour les petits, puisqu'elle aurait une plus grande épaisseur à traverser. L'attraction du Soleil sur la Terre serait donc*relativement* plus faible que celle du Soleil sur la Lune, et il en résulterait, dans le mouvement de la Lune, une inégalité très sensible. Nous devons donc conclure, si nous adoptons la théorie de Lesage, que la surface totale des molécules sphériques qui composent-la Terre est tout au plus la dix-millionième partie de la surface totale de la Terre.

Darwin a démontré que la théorie de Lesage ne conduit exactement à la loi de Newton qu'en supposant des corpuscules entièrement dénués d'élasticité. L'attraction exercée par la Terre sur une masse 1 à la distance 1 sera alors proportionnelle, à la fois, à la surface totale S des molécules sphériques qui la composent, à la vitesse v des corpuscules, à la racine carrée de la densité ρ du milieu formé par les corpuscules. La chaleur produite sera proportionnelle à S, à la densité ρ, et au cube delà vitesse v.

Mais il faut tenir compte delà résistance éprouvée par un corps qui se meut dans un pareil milieu ; il ne peut se mouvoir, en effet, sans aller au-devant de certains chocs, en fuyant, au contraire, devant ceux qui viennent dans la direction opposée, de sorte que la compensation réalisée à l'état de repos ne peut plus subsister. La résistance calculée est proportionnelle à S, à ρ et à v ; or, on sait que les corps célestes se meuvent comme s'ils n'éprouvaient aucune résistance, et la précision des observations nous permet de fixer une limite à la résistance du milieu.

Cette résistance variant comme Sρv, tandis que l'attraction varie comme $S\sqrt{\rho v}$, nous voyons que le rapport de la résistance au carré de l'attraction est en raison inverse du produit Sv.

Nous avons donc une limite inférieure du produit Sv. Nous avions déjà une limite supérieure de S (par l'absorption de l'attraction par les corps qu'elle traverse) ; nous avons donc une limite inférieure de la vitesse v, qui doit être au moins égale à 24.10^{17} fois celle de la lumière.

Nous pouvons en déduire ρ et la quantité de chaleur produite ; cette quantité suffirait pour élever la température de 10^{26} degrés par seconde ; la Terre recevrait dans un temps donné 10^{20} fois plus de chaleur que le Soleil n'en émet dans le même temps ; je ne veux pas parler de la chaleur que le Soleil envoie à la Terre, mais de celle qu'il rayonne dans toutes les directions.

Il est évident que la Terre ne résisterait pas longtemps à un pareil régime.

On ne serait pas conduit à des résultats moins fantastiques si, contrairement aux vues de Darwin, on douait les corpuscules de Lesage d'une élasticité imparfaite sans être nulle. A la vérité, la force vive de ces corpuscules ne serait pas entièrement convertie en chaleur, mais l'attraction produite serait moindre également, de sorte que ce serait seulement la portion de cette force vive convertie en chaleur qui contribuerait à produire l'attraction et que cela reviendrait au même ; un emploi judicieux du théorème du viriel permettrait de s'en rendre compte.

On peut transformer la théorie de Lesage ; supprimons les corpuscules et imaginons que l'éther soit parcouru dans tous les sens par des ondes lumineuses venues de tous les points de l'espace. Quand un objet matériel reçoit une onde lumineuse, cette onde exerce sur lui une action mécanique due à la pression Maxwell-Bartholi, tout comme s'il avait reçu le choc d'un projectile matériel. Les ondes en

XV. — La Théorie de Lesage.

question pourront donc jouer le rôle des corpuscules de Lesage. C'est là ce qu'admet, par exemple, M. Tommasina.

Les difficultés ne sont pas écartées pour cela ; la vitesse de propagation ne peut être que celle de la lumière et l'on est ainsi conduit, pour la résistance du milieu, à un chiffre inadmissible. D'ailleurs, si la lumière se réfléchit intégralement, l'effet est nul, tout comme dans l'hypothèse des corpuscules parfaitement élastiques. Pour qu'il y ait attraction, il faut que la lumière soit partiellement absorbée ; mais alors il y a production de chaleur. Les calculs ne diffèrent pas essentiellement de ceux qu'on fait dans la théorie de Lesage ordinaire, et le résultat conserve le même caractère fantastique.

D'un autre côté, l'attraction n'est pas absorbée par les corps qu'elle traverse, ou elle l'est à peine ; il n'en est pas de même de la lumière que nous connaissons. La lumière qui produirait l'attraction newtonienne devrait être considérablement différente de la lumière ordinaire et être, par exemple, de très courte longueur d'onde. Sans compter que, si nos yeux étaient sensibles à cette lumière, le ciel entier devrait nous paraître beaucoup plus brillant que le Soleil, de telle sorte que le Soleil nous paraîtrait s'y détacher en noir, sans quoi le Soleil nous repousserait au lieu de nous attirer. Pour toutes ces raisons, la lumière qui permettrait d'expliquer l'attraction devrait se rapprocher beaucoup plus des rayons X de Röntgen que de la lumière ordinaire.

Et encore les rayons X ne suffiraient pas ; quelque pénétrants qu'ils nous paraissent, ils ne sauraient passer à travers la Terre tout entière ; il faudra donc imaginer des rayons X' beaucoup plus pénétrants que les rayons X ordinaires. Ensuite une portion de l'énergie de ces rayons X' devrait être détruite, sans quoi il n'y aurait pas d'attraction. Si on ne veut pas qu'elle soit transformée en chaleur, ce qui conduirait à une production de chaleur énorme, il faut admettre qu'elle est rayonnée dans tous les sens sous forme de rayons secondaires, que l'on pourra appeler X» et qui devront être beaucoup plus pénétrants encore que les rayons X', sans quoi ils troubleraient à leur tour les phénomènes d'attraction.

Telles sont les hypothèses compliquées auxquelles on est conduit quand on veut rendre viable la théorie de Lesage.

Mais, tout ce que nous venons de dire suppose les lois ordinaires de la Mécanique. Les choses iront-elles mieux si nous admettons la nouvelle Dynamique ? Et d'abord, pouvons-nous conserver le Principe de Relativité ? Donnons d'abord à la théorie de Lesage sa forme primitive et supposons l'espace sillonné par des corpuscules matériels ; si ces corpuscules étaient parfaitement élastiques, les lois de leur choc seraient conformes à ce Principe de Relativité, mais nous savons qu'alors leur effet serait nul. Il faut donc supposer que ces corpuscules ne sont pas élastiques, et alors il est difficile d'imaginer une loi de choc compatible avec le Principe de Relativité. D'ailleurs, on trouverait encore une production de chaleur considérable, et cependant une résistance du milieu très sensible.

Si nous supprimons les corpuscules et si nous revenons à l'hypothèse de la pression Maxwell-Bartholi, les difficultés ne seront pas moindres. C'est ce qu'a tenté Lorentz lui-même dans son Mémoire à l'Académie des Sciences d'Amsterdam du 23 avril 1900.

Considérons un système d'électrons plongés dans un éther parcouru en tous sens par des ondes lumineuses ; un de ces électrons, frappé par l'une de ces ondes, va entrer en vibration ; sa vibration va être synchrone de celle de la lumière ; mais il pourra y avoir une différence déphasé, si l'électron absorbe une partie de l'énergie incidente. Si, en effet, il absorbe de l'énergie, c'est que c'est la vibration de l'éther qui *entraîne* l'électron ; l'électron doit donc être en retard sur l'éther. Un électron en mouvement est assimilable à un courant de convection ; donc tout champ magnétique, en particulier celui qui est dû à la perturbation lumineuse elle-même, doit exercer une action mécanique sur cet électron. Cette action est très faible ; de plus, elle change de signe dans le courant de la période ; néanmoins, l'action moyenne n'est pas nulle s'il y a une différence de phase entre les vibrations de l'électron et celles de l'éther. L'action moyenne est proportionnelle à cette différence, par conséquent à l'énergie absorbée par l'électron.

Je ne puis entrer ici dans le détail des calculs ; disons seulement que le résultat final est une attraction entre deux électrons quelconques, égale à :

$$\frac{E E_1}{4 \pi E_1'^2}.$$

Dans cette formule, r est la distance des deux électrons, E et E₁ l'énergie absorbée par les deux électrons pendant l'unité des temps, E› l'énergie de l'onde incidente par unité de volume.

Il ne peut donc y avoir d'attraction sans absorption de lumière et, par conséquent, sans production de chaleur, et c'est ce qui a déterminé Lorentz à abandonner cette théorie, qui ne diffère pas au fond de celle de Lesage-Maxwell-Bartholi. Il aurait été beaucoup plus effrayé encore s'il avait poussé le calcul jusqu'au bout. H aurait trouvé que la température de la Terre devrait s'accroître de 10^{13} degrés par seconde.

XVI. — CONCLUSIONS.

Je me suis efforcé de donner en peu de mots une idée aussi complète que possible de ces nouvelles doctrines ; j'ai cherché à expliquer comment elles avaient pris naissance, sans quoi le lecteur aurait eu lieu d'être effrayé par leur hardiesse. Les théories nouvelles ne sont pas encore démontrées, il s'en faut de beaucoup ; elles s'appuient seulement sur un ensemble assez sérieux de probabilités pour qu'on n'ait pas le droit de les traiter par le mépris.

De nouvelles expériences nous apprendront, sans doute, ce qu'on en doit définitivement penser. Le nœud de la question est dans l'expérience de Kaufmann et celles qu'on pourra tenter pour la vérifier.

Qu'on me permette un vœu, pour terminer. Supposons que, d'ici quelques années, ces théories subissent de nouvelles épreuves et qu'elles en triomphent ; notre enseignement secondaire courra alors un grand danger : quelques professeurs voudront, sans doute, faire une place aux nouvelles théories. Les nouveautés sont si attrayantes, et il est si dur de ne pas sembler assez avancé ! Au moins, on voudra ouvrir aux enfants des aperçus et, avant de leur enseigner la Mécanique ordinaire, on les avertira qu'elle a fait son temps et qu'elle était bonne tout au plus pour cette vieille ganache de Laplace. Et alors, ils ne prendront pas l'habitude de la Mécanique ordinaire.

Est-il bon de les avertir qu'elle n'est qu'approchée ? Oui ; mais plus tard, quand ils s'en seront pénétrés jusqu'aux moelles, quand ils auront pris le pli de ne penser que par elle, quand ils ne risqueront plus de la désapprendre, alors on pourra, sans inconvénient, leur en montrer les limites.

C'est avec la Mécanique ordinaire qu'ils doivent vivre; c'est la seule qu'ils auront jamais à appliquer ; quels que soient les progrès de l'automobilisme, nos voitures n'atteindront jamais les vitesses où elle n'est plus vraie. L'autre n'est qu'un luxe, et l'on ne doit penser au luxe que quand il ne risque plus de nuire au nécessaire.

Henri Poincaré,
de l'Académie des Sciences et de l'Académie française

ISBN : 978-1523422302